我的宠物书

读懂猫语

[日] 猫咪之友会　著

宋丽鑫　译

中国农业出版社

农村读物出版社

北　京

图书在版编目（CIP）数据

读懂猫语／日本猫咪之友会著，宋丽鑫译．—北京：中国农业出版社，2020.5

（我的宠物书）

ISBN 978-7-109-25983-6

Ⅰ．①读… Ⅱ．①日… ②宋… Ⅲ．①猫-驯养 Ⅳ．① S829.3

中国版本图书馆 CIP 数据核字 (2019) 第 219452 号

SHIGUSADEWAKARU! NEKONOKIMOCHI
Copyright © 2016 Nyankotomonokai
First published in Japan in 2016 by PHP Institute, Inc.
Simplified Chinese translation rights arranged with PHP Institute, Inc.
through CREEK & RIVER Co.,Ltd. and CREEK & RIVER SHANGHAI Co., Ltd.

本书中文版由日本株式会社 PHP 研究所授权中国农业出版社独家出版发行，本书内容的任何部分，事先未经出版者书面许可，不得以任何方式或手段刊载。

北京市版权局著作权合同登记号：图字 01-2019-5534 号

读懂猫语

DUDONG MAOYU

中国农业出版社出版

地址：北京市朝阳区麦子店街 18 号楼

邮编：100125

责任编辑：程燕 张丽四

责任校对：张楚翘

印刷：北京通州皇家印刷厂

版次：2020 年 5 月第 1 版

印次：2020 年 5 月第 1 次印刷

发行：新华书店北京发行所发行

开本：880mm×1230mm 1 /32

印张：3.75

字数：100 千字

定价：35.00 元

前言

　　有些人认为："猫，是无穷无尽的宝藏。"从这句话里，看得出这些人对猫的那种强烈的喜爱之情。

　　和猫在一起的时候，可谓是最幸福的时光了。你会沉迷于它可爱至极的动作和表情中，丝毫不会感觉无聊。

　　但是和猫接触的时候，你一定要做好某种"心理准备"。狗是忠实于主人的动物，而猫则忠实于自己。如果你没有做好"效忠于猫"的心理准备，可能无法担任猫的主人。

　　猫通过叫声、耳朵、胡须以及尾巴的动作等各种肢体语言来传达它的心情和需求。如果你不能理解这些意图，不能回应猫的想法，即刻，你便会被猫贴上"不及格主人"的标签。

　　主人不能理解猫的心情会给猫带来压力，导致猫频繁出现咬主人、突然在家里走来走去，或者上厕所遗便、遗尿（更可能是故意的）等不正常行为。相反，如果主人能够通过猫的肢体语言正确地理解猫的诉求并采取对策，则可以和猫永远保持着蜜月期般的关系。

　　本书对猫的肢体语言的解读方法进行了总结。希望通过本书，能够帮助读者与猫过上更加和谐幸福的生活。

猫咪之友会

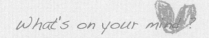

读懂猫语

目录

第2章
名猫的种类与它们常见的行为及性格

照片

※本书是在《读懂猫语：从行为看懂猫咪的想法》(PHP文库，2010年10月刊）的基础上添加照片、修订而成。

第 1 章

猫的心情隐藏
在肢体语言里

为什么猫
特别喜欢
钻进包包里

冷静一下……

有这样一种情况：你打算出去旅行时将包拿了出来，你刚离开一会儿，猫就钻进了包里。虽然看起来猫的体积要比包大，但是它总能矫捷地将身体缩成球钻进去。看见它这个样子，你嘴上说着："不能带你去哦！"心里却早已经被它的可爱所俘虏。

但是，猫钻进包包里并不是在表达"我也要一起去"的意思，实际上这是猫被古老的本能驱使而做出的行为。

在野生时期，猫习惯钻进树洞或者岩石的缝隙等地方睡觉。因为这样，可以减少它们在熟睡时遭受外敌侵袭的可能性。

猫一旦找到适合睡觉的洞穴，便会立即钻进去，并把头部转向入口的方向。这样做，是为了方便观察外面的情形，一旦有异样，它便可以随时逃生。

猫喜欢在衣柜顶端等地方睡觉也是同样的道理。在野生时期，猫也经常睡在高高的树上。因为猫的敌人大多不会爬树，所以树上的空间曾经是猫的安全地带。

那么，猫会对"无论如何蜷缩身体也绝对进不去"的纸袋或者小洞感兴趣，并不断地将前爪伸进去又拿出来，这又是为什么呢？这是它在试探洞穴中是否躲藏着它喜爱的老鼠等小动物。猫看起来一副游手好闲的样子，实际上却还保留着狩猎的本能呢。

猫就是喜欢
衣柜顶端与架子顶端等
高高的地方

我才不下去呢！

　　猫给人留下了一种喜欢在暖炉中团成一团的深刻印象，但是在遥远的过去，它的祖先却是生活在树上的。在树木生长茂盛的森林或树林中，猫将树洞作为巢穴，只有在狩猎的时候才下到地面上。这就是猫曾经的生活方式。

　　猫看起来喜欢高的地方，是因为在它的灵魂深处，继承了来自祖先的遥远记忆呢。衣柜顶端和架子顶端等高高的地方，既安全又能俯瞰自己的地盘——一举两得。

　　猫喜欢高处还有另外一个原因。这可能也是从野生时期遗传下来的行为——在猫的社会中，处于更高位置的猫地位也更高。所以从衣柜与架子顶端俯视主人，一定能给猫带来最高级别的精神享受！

　　考虑到猫的这种习性，建议主人为它们准备能够上下攀爬的柱状玩具，以便让它享受高高在上的感觉。

猫将放在架子上的东西推掉，是因为心情不好吗

我推！

"我敢说，这世上没有比猫更反复无常的动物了。"

是不是所有的主人都很赞同这句话呢？猫性格多变并还引以为荣，经常以自我为中心，看上去很自私。人们无法忍受它的臭脾气，心却仍被其牵动。猫真是一种不可思议的存在。

猫将架子占为己有也就算了，偶尔还要伸出魔爪把放在那里的东西推掉一个，再推掉一个，这究竟是为什么呢？

不用说大家也知道了吧，那是因为猫要确认一下自己有没有受到关注："本猫在这儿好一会儿了，你知道的吧？"

主人张开双臂要抱它，它会奋力抵抗——它要自由。但是，它又不允许没有人关注自己。在这一问题上，猫是很认真的。

那么，如何制止猫从高处往下推东西这一行为呢？

最愚蠢的方法就是用类似这样的语言教训它："不可以这样！要说多少遍你才明白！"其实猫根本听不明白你在说什么，它看见主人这样的反应，还以为你要和它玩呢。

最聪明的方法是假装没看见。猫看到主人没有反应，便会明白"把东西推掉也没有用"，以后也就不会再推掉东西了，嗯……应该不会了吧……

猫用前爪
"咚咚"敲你时
是什么意思

喂喂，叫你呢！

周末的早晨，你想要睡个懒觉，结果猫咪却用小肉爪在碰你的脸颊。大家都明白，这是小猫的叫醒服务："太阳晒屁股了，快点起来做饭。"此外，如果猫用盯着你的方式来传达需求而得不到回应时，也会用小拳头敲敲主人。

　　就像人类在传达信息却得不到回应时，也会拍拍对方的肩膀，这道理是一样的。不管是猫还是人类，传达意志时的肢体语言都是一样的呢。

　　有时，猫"咚咚"敲完主人，等主人看向它时，它又"唰"的一下弹开，这是它想和你"玩"的意思。

　　猫在狩猎之后，会用拳头敲一下它猎杀的猎物，然后离开猎物，以此来确认猎物是不是死了。猫敲完主人后弹开，也是自身的狩猎本能在无意中显现出来了吧。它惊慌逃走的样子，还真的很好笑呢。

喂，
看这里！

不要
挑衅般地和猫
"对视"

好吧，
我认输。

面对仰头凝视你，传达"给我吃饭吧"或"和我一起玩吧"等意图的猫咪，你边说着："比赛瞪眼吧！"然后开始和它对视起来，而猫却立刻将视线移开了。瞪眼比赛百分之百是主人胜利！

事实上，瞪眼比赛对于猫来说是不公平的，是在无视猫的世界规则。

在猫的世界里，相互凝视的行为是在向对方传达敌意，所以猫几乎不会和亲近的伙伴凝视。

狭路相逢，两只猫的视线无意中对上了，如果就这么继续对视，便有"你想打架的话，我奉陪到底"的意思。相反，如果其中一方将视线移开，便是表达"避免无所谓的战争"的意思。

猫不仅仅是用移开视线的方法来避免战斗，当猫不想打架时，猫很清楚如何从一开始就避免和对方对视。

虽然狩猎是猫的本性，但是猫还是会避免和同伴吵架的。

基本上，猫是不想和最最喜爱的主人对视的，刚一对视，猫就会移开视线。所以，猫移开视线不是无视主人，而是在避免争斗。原来，猫是和平主义者呢！

刚想要读报纸，
猫就过来捣乱

玩会儿嘛！

每次刚一展开报纸或杂志，猫就会特意从老远的地方跑过来，庄重地坐在报纸上。

这是因为，猫将展开报纸或杂志时发出的"沙沙"声当成了主人发出的"一起玩耍吧"的信号。"你想玩的话我就陪陪你吧"，因此，猫才特意跑过来，而且怎么赶都赶不走，屁股刚被迫离开片刻，"咚"地一声又坐回报纸上。

对于猫来说，今天的游戏就叫"在报纸上藏猫猫"，所以无论你怎么撵它、赶它，它都会不厌其烦地跑回来和主人愉快地将游戏进行到底。

这种时候，你还是放弃挣扎，乖乖地和它玩一会儿吧。如果你不理它或者彻底驱赶它，它反而会想"怎么回事，明明是你邀请我过来的"，从而对主人产生不信任感。

所以，不要去驱赶它，猫非常容易厌倦，玩一会儿，也最多不过4~5分钟。猫应该很快就会觉得"玩够了"而主动离开。

不和我玩，
我就……

猫磨蹭我们的身体，是在撒娇吗

玩游戏吗？

猫刚走到你的身边，便开始用头蹭你的脚。也许，你会天真地认为它："真爱撒娇啊……"实际上，这种磨蹭行为的目的并不是在向你撒娇，而是在宣告"你是属于本猫的东西"。

在猫的头部、嘴部周围、下巴下面及脖颈后面等处都长有臭腺，这些臭腺会分泌外激素。猫通过磨蹭的动作来涂抹外激素，以此表示散发着它的外激素气味的地方都是它的地盘（领域）。仔细观察你就会发现，猫不仅对人类这样，它还会在房间的角落、家具腿等各种地方蹭来蹭去。

猫的嗅觉要比人类敏锐数万倍。虽然人类的嗅觉无法分辨出猫与猫之间散发出的外激素气味有什么不同，但是猫类却能因此判断出："啊，我记得这里好像是××的领域，糟糕！"并采取各种行动，以避免破坏对方的地盘。

由此看来，猫在人的裤腿及裙摆处蹭来蹭去，也是为了标记气味并宣告："这家伙是本猫的东西！"

一旦分泌出外激素，臭腺周围的皮肤就会变得痒痒的，如果猫在家具腿或者某个地方多次磨蹭头部及嘴周围，则更可能是在挠痒痒。用手指或者其他东西在猫的臭腺部位挠痒痒，它便会立刻露出很舒服的、很陶醉的表情。

猫带虫子
等礼物回来，
是在报恩吗

锁定猎物。

"我家的猫狩猎后，总会把猎杀的猎物当作礼物带回来放到我面前"。有很多主人遇到过这种事情吧。

但是将猎物当成来自猫的礼物收下的话，就是你自作多情啦。

猫会将猎物送到还不能自己捕食的小猫面前。因此，有一种说法认为，**猫将主人当成了"不能狩猎的小猫"**。

但是，好像这个说法也不准确。

由于被饲养的猫依旧遗传了狩猎的本能，所以当它看到小动物或者昆虫在眼前晃来晃去，便会本能地抬起头，不知不觉间便已完美发挥出狩猎的技巧，猎杀了猎物。

但是被饲养的猫并不饿，所以它现在不想吃掉猎物。

于是，它想先把猎物带回家藏起来，却不想在半路遇到了主人。一看见主人，它就忘记了"藏起来"这件事，"吧嗒"一声扔掉了猎物——这似乎才是真相。

不管哪种说法才是正确的，总之，猫并没有打算给主人带礼物。不信，你可以拿起猎物试试，猫应该会拼死保护猎物的。

猫"吧嗒"一声扔掉了猎物后，你可以稍稍回应它："咦，你抓回来的吗？"然后便别再理会它。"被表扬了，但是猎物不会被抢走"，这应该是最能满足猫的回应方式了。

猫将前爪收起来、身体团成球，是在放松心情

我是豆大福。

猫将前爪折向身体内侧，放在身体下方的独特坐姿被称作"香箱坐"。香箱坐时猫的尾巴紧贴身体，整个身体团起来变小了许多，姿势十分可爱。在芥川龙之介的小说《阿富的贞操》中有这样一段话："那里有一只安静的大花公猫将自己团成一个香箱。"

香箱，是用来装整套香道用具的箱子。在江户时代，香道对于身份显贵的富家小姐来说，是必不可少的教养之一。所以香箱也就成为了富家小姐出嫁时必不可少的嫁妆。

猫将前足蜷起，弓起背蹲伏的姿势十分像香箱。不知不觉间，"香箱坐"或者"团成香箱"等叫法便流传开了。

香箱坐时的猫是在彻底地放松休息。一旦遇到突发情况，将前足收起的姿势非常不利于猫进入战斗状态。也就是说，只有猫认为现在不必担心遭受敌人攻击时，才会让你看见这个姿势。

但是，无论何时都保持警惕是野生动物的本能。即使是在香箱坐时，猫大多也会伸长脖子、抬高脑袋的位置，绷紧神经警惕着周围的声音。

猫揉搓
毛绒绒的毯子——
我家的猫什么时候
变成按摩师了

顾客，欢迎光临。

猫非常喜欢触感柔软的布或毯子，一会儿陶醉地躺在毯子上，一会儿又用前爪揉搓毯子。

有时，猫还会用嘴"啵啵"地吮吸毯子。因为猫特别喜欢天然的动物毛，所以也有人称这种"啵啵"的行为为"吸羊毛"。

无论是揉搓的动作还是"吸羊毛"，都是猫想起了自己小时候吸母乳时的情形而做出的行为。

小猫在喝母乳时，为了让乳汁多流出来一些，会习惯性地揉搓母猫的乳房根部。大概猫在长大后也没改掉这种习惯，所以在碰到柔软的布料时才会情不自禁地揉搓、吸吮起来吧。

据说长大后也热衷于揉搓行为的猫，大多是因为在断乳前就离开了母猫。宠物店的猫很小就离开了母猫，似乎更容易残留这种习惯。

猫揉搓布料虽然无所谓，但是它吸吮布料时可能会将布料上的纤维吸进体内，导致肠胃堵塞，所以还是制止它吧。话虽这么说，但是在猫吸吮得正起劲时将布料拿走会使猫对主人产生不信任感，所以还是趁它离开布料时快速收起布料吧。

主人可以用猫的玩具陪它玩，或者让猫吸吮手指，以此代替布料，增加和猫在一起的时间，给它满满的关爱。

猫的嗓子发出
"咕噜咕噜"的声音，
究竟是为什么

极乐净土……

猫发出"咕噜咕噜"的声音，是它在传达从内到外放松的信号。主人将猫抱起来或者抚摸它时听到这种"咕噜咕噜"的声音，会觉得心情舒畅，真是不可思议。

　　这种"咕噜咕噜"的声音相当于人类在感到舒适时情不自禁由鼻腔发出的哼哼声。但是，我们至今还不确定这种"咕噜咕噜"的声音到底是从猫的哪个部位发出来的。

　　我们能确定的是，这种声音是小猫在向母猫撒娇或者吃奶时发出的声音。母猫听到小猫发出这种"咕噜咕噜"的声音，就知道小猫感觉很安全，很满足。

　　如果一只猫曾经用"咕噜咕噜"的声音向母猫撒过娇，那么它不仅会在被抱起来时发出这种声音，还会用这种声音向主人传达自己饿了，或者想要一起玩耍等意愿。

　　此外，在猫感到极度不安时，也会发出"咕噜咕噜"的声音。

　　比如将猫放在医院的门诊台上时，它会仰起头看着主人发出"咕噜咕噜"的声音。这是因为它来到了一个陌生的地方，感到十分害怕，所以拼命向如同母亲一般的主人发出"求救"信号。

　　遇到这种情况时，请轻轻抚摸它的背部。通过身体接触，应该能很有效地安慰它。

猫在享受
你的抚摸时
突然翻脸咬你

超生气！

猫非常喜欢被抚摸。这是因为猫毛的根部与神经细胞相连。母猫经常舔舐小猫，也是为了通过刺激猫毛根部的神经细胞，向小猫输入"放心吧"的情感信号。

　　饲主抚摸猫时，会勾起它在小时候被母猫舔舐全身的美好回忆。最令猫舒服的部位有脖颈后侧、下巴、臀部和腹部等处。

　　没错，这些部位都是猫的要害部位。因为关乎性命，所以这些部位的感觉神经也格外敏感，被抚摸时也就格外舒服。

　　但是，**正因为这些部位的感觉神经格外敏感，所以当你抚摸的力度过大或者没完没了时，猫脑中的警戒信号便开始不稳定了**。其表现为摇摆尾巴或者放大瞳孔。

　　如果此时的主人仍然以为猫很舒服，并未注意到这些信号而继续抚摸，那么，猫就只能咬你了。猫也许是这么想的吧：我才没有突然咬你，是你没有注意到我的警戒信号，是主人的错！

把脸
藏起来睡觉，
是家猫独有的特点

好晃眼睛啊！

晃眼睛！

晃眼睛！

　　野生的猫（例如西表山猫）是不会采用这种姿势睡觉的。也就是说，把脸藏起来睡觉是家猫独有的睡姿。

　　想来造成这种区别的原因只有一个，那就是自然环境和家庭环境的差别。不管是白天还是黑夜，家庭的环境都是明亮的。

　　原本，猫是一种在白天睡觉也要藏到树上或洞里等光线昏暗的地方的动物。但是成为家猫后，猫便想要在令人安心的主人身边睡觉了……

　　于是，现代的猫不得不在明亮的地方睡觉。但是，电灯发出的光线对于猫来说太亮了。虽然看起来猫是将脸藏了起来，而实际上猫是把前爪当成了眼罩——用前爪盖住眼睛，遮挡光线。

猫
嘟嘟囔囔的，
是在做梦吗

猫也会做梦哦！

你本以为猫睡觉时睡得很沉，不省人事，仔细一看，却又发现猫时而动动指尖或尾尖，时而颤动颤动胡须——原来猫的全身有很多地方都在动。不仅如此，猫睡觉时似乎还会小声嘟囔，甚至发出更大的声音……

众所周知，动物的睡眠分为两种模式：浅度睡眠与深度睡眠。浅度睡眠时动物的身体在睡觉，但是大脑却是清醒的；深度睡眠时动物的身体和大脑都在沉睡。

动物睡觉时会交替反复进入两种睡眠模式。动物做梦大多出现在浅度睡眠时，深度睡眠时即使做了梦，醒来后也可能忘记了。

猫在浅度睡眠时做梦，就会嘟嘟囔囔，或者发出更大的声音。 没错，猫也会做梦。浅度睡眠时猫会对周围的声音产生反应，例如动动耳朵。但是猫在深度睡眠时，不管你怎么喊它、碰它，它都不会有反应，睡得"不省猫事"。

猫的尾巴
像嘴巴一样
会说话

刚洗完澡。

猫的虚荣心很强。即使对某种事物充满好奇心，它也不会直率地表现出来，而是装作一副无所谓的样子。

但是，猫的真实想法却会被意想不到的部位暴露出来，尾巴就是其中之一。如果你能读懂"尾语"，大概就能成为一名优秀的主人了。让我们一起来学习"尾语"吧。

◎尾巴直直地立着

撒娇模式。刚刚出生的小猫不能自己排便，所以它会立起尾巴让母猫舔它的肛门帮助它排便。等小猫会走了，母猫便会立起自己的尾巴作为旗帜，让小猫跟着。小猫便模仿母猫的样子，立起尾巴蹒跚地跟在后面。

由此推断，当猫竖起尾巴靠近主人时，它的心情就如同在向母猫撒娇一样。

当然，根据情况，它们也可能在向主人传达不同的含义"摸摸我""喂我吧"或者"好无聊，陪我玩嘛"。

猫立起尾巴还有另外一层含义。那就是它准备扮演母猫的角色。猫在主人面前"喵"地叫一声，然后立起尾巴朝前走去，这绝对是在向你说："跟我走！"主人跟着立起尾巴的猫，或者给它打开玄关的门，或者给它喂食，总之满足它就对了。

◎尾巴立着并左右摆动

这种姿态大多出现在猫看见陌生事物，既好奇又害怕的时候。此时的猫微微兴奋着，但是仍会谨慎观察，深思考虑着"是否需要发起攻击"。

当猫发现了喜欢的事物，便会从尾巴的根部开始用力地摆动尾

31

巴。猫向主人"奋力摆尾",很可能是在竭力央求:"快点给我喜欢的那个东西嘛(多数情况是指点心)。"

猫漫不经心地摆动整条尾巴时,是在休息。也很可能是猫在传达"摸摸我的背吧"的信号。

◎尾巴炸毛,像座山一样

这是恐吓的姿势。猫将尾巴上的毛倒立起来使尾巴变粗,并且像小山一样上扬,是为了展现身体能够到达的最大体积、最强姿态,仿佛在说:"打架吗?我可是不会输给你的。"很多时候,猫会将全身的毛都竖起来。

◎尾巴放到肚子下面卷起来

表达"饶了我吧""投降了"等示弱的姿势。与上一条正相反,猫会将身体尽可能地缩小,仿佛在说:"我很小也很弱,不要攻击我。"

◎只有尾巴"吧嗒吧嗒"地拍动

当你抱起猫而猫却"吧嗒吧嗒"地大幅度拍打尾巴,这是猫在告诉你:不要抱我!

如果猫将尾巴垂下慢慢摆动,则是在悠闲地说:"抱抱好开心啊!"

◎你抱着猫时,猫将尾巴紧贴到肚子下面

这是紧张的信号。基本上是"不要抱我!"的意思。

◎猫一边睡觉一边轻轻晃动尾梢

猫在睡觉的时候轻轻晃动尾梢，可能是听到了主人的声音，不禁想到："啊，是主人的声音。是不是快吃饭啦！"因此而动。

◎你抱着猫时，猫的尾巴像棒子一样下垂

这说明猫还没有习惯主人，或者被陌生人抱时全身都很紧张。如果继续这样抱下去很可能被猫抓伤，所以还是放它自由比较明智。

◎猫看着某处，只悠悠地摇动尾梢

这种时候，猫大概是在慵懒地思考吧：难得现在既不困又不饿……唔，做点什么好呢？

有时猫的尾巴会停止晃动，随即又继续悠哉地晃动起来。看来，猫很难下定决心呢。

◎猫的尾梢弯成反U形

这是猫在挑衅的姿势："喂，要干架吗？秒杀你。"经常能看到小猫之间玩打架游戏时会摆出这个姿势。

猫的
胡须像嘴巴一样
会说话

嗯?

猫的胡须不只是嘴部周围直楞向左右生长的部分，猫的眼睛上方、颞颥处都长着长长的毛，如果将这些毛的前端连在一起，正好能构成一个椭圆形将猫的脸围在里面。在这本书里，我们将这些毛总称为猫的胡须。

仔细观察你就会发现，猫时而将这些胡须朝向不同的方向，时而将它们伸直，又时而耷拉着它们。从胡须的造型来判定猫的心情胜过任何没有根据的猜测，非常有趣。

猫的胡须是灵敏的感觉器官，它不仅可以辨别风向，还可以测量道路宽窄以判断猫的身体能否通过，是猫非常重要的器官。而且，猫的胡须周围密布感觉器官，所以，胡须也是猫的心情晴雨表。

请千万不要恶作剧般剪断或拔掉猫的胡须。有的猫在被拔掉胡须后压力过大，甚至萎靡不振。

猫的胡须沾上食物后传感机能会下降，所以猫不擅长用深的器皿进食。请选择猫专用餐具，如果借用人的餐具，请选择浅的器皿。

接下来，让我们一起看看胡须到底表达着猫咪怎样的心情吧。

◎胡须直直地立起来

猫的胡须立成10：10分的角度时，是"开心啊喵"的心情，此时血槽满格。

如果猫同时立着胡须和尾巴靠近你，则是"我想和你玩"的意思。

◎胡须覆盖了整张脸

这是猫的近处有敌人或者猫发现可疑的声音时，进入紧张状态的信号。猫会分散胡须，以便收集尽可能多的情报。当猫的胡须前端伸到鼻子前面时，说明它正保持最高的警惕性。

◎胡须耷拉着

这种时候猫虽然不困，但是无事可做又很无聊。如果你有时间，就陪它玩耍一会儿吧。

◎胡须水平伸展

这种时候猫在休息。似乎有很多猫在被主人抚摸时，会立刻将胡须放到水平位置。

◎前突胡须

鼓起口腔四周，将胡须伸向前方是猫的战斗模式。也是"我很生气"的标志。

◎胡须紧贴脸颊

这种情况出现在猫吃得饱饱的想要睡觉等感觉非常满足的状态时。

好无聊啊！

猫的耳朵
最会说话了

好像有人过来啦。

读取猫的心情时，希望大家首先关注它们的耳朵。

观察猫的耳朵就能理解它们的内心。

◎耳朵直立着

这种情况出现在猫捕捉到需要戒备的声音时。当猫察觉到某种声音或感知到令它在意的情况时，猫会高度紧张起来，也就是常说的"竖起耳朵"。猫直立着耳朵跟着声音的方向移动的样子帅呆啦！

◎耳朵像要横着耷拉下来

这种情况出现在猫不知如何是好、迷惑的时候。可不可以撒娇呢？是不是再谨慎一点儿更好呢？当猫为此类事情烦恼时，通常会只扇动一只耳朵。

◎耳朵几乎倒到水平位置

这种情况出现在猫十分紧张或充满警戒心时。此时猫在最大限度地收集周围的情报，为接下来的行动做准备。

◎耳朵向后倒下，紧贴身体

这种情况出现在猫极为紧张、进入攻击模式时。猫像这样将耳朵向后倒下去，紧接着发出"吓""啪呜""呜呜"的声音，并皱起鼻子龇牙相向。这可以证明猫正在全力以赴地威吓对手。

◎耳朵的前部稍微外翻

这种情况出现在猫吃得饱饱的、晒着暖暖的太阳等超级开心的时候。到最后猫的嗓子会发出"咕噜咕噜"的声音，不知不觉间，它已经睡着啦。

◎耳朵向后倒去

猫生气、特别警惕时。耳朵一直向后倒着的话，也可能是因为积攒了压力。帮它消除造成压力的因素吧。

人能和猫
对话吗

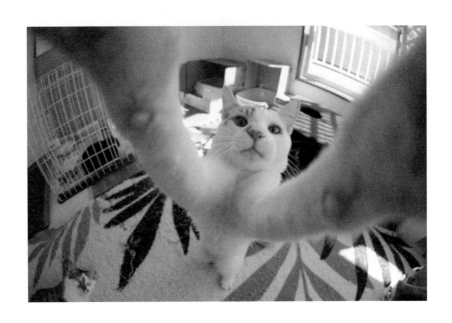

欢迎回家。
我一个人好孤单啊！

"我家的猫会说话哦"。这么说的人不占少数。的确，猫的叫声大概有10～20种变化，分别表达着当时的不同心情。如果我们据此推测它们的意义从而进行回应，好像真的形成了简单的对话。

有一种说法，认为猫大约有10句话，用在猫与人之间的交流上。下面，就来介绍几种。

◎"喵喵""喵呜喵呜"

翻译成人类的语言，相当于"喂，找你有事"的意思。当猫想要传达自己的要求，例如希望主人关注自己，或者催促开饭、想玩游戏、想开门等时，就会发出这种声音。纠缠不休，不达目的不罢休时也会这么叫。

◎"吭——"

主人准备出门的时候，猫会来到玄关前，用鼻子发出"吭——"的声音。听起来冷酷、悲伤。这是在向你传达："你不管我了吗？不要离开嘛！"的意思。

这种时候，请你不要沉默地离开，而是转过身温柔地对它这样说吧："我出去一会儿，拜托你看家啰。"也许猫并不明白这句话的意思，但是通过主人的语音语调，也能理解主人的心意，多少能慰藉一下它的寂寞吧。

◎"喵啊啊啊"

当你彻夜未归，或者长时间离开才回家时，猫可能会跳到玄关前长叫。这是因为主人天黑了也没回家，十分担心的缘故吧，所以它用这种叫声来传达安心、开心的感觉："你总算回来啦。"

◎ "嘶啊"

"打架啊！"的意思。猫紧张时或者恐吓时发出的声音。猫在交配时也会发出这样的声音。

◎ "喵"

类似"呀""哈喽"等意思。猫在和亲近的伙伴打招呼时经常发出这样的声音。主人对着猫说话，猫偶尔也会短促地回复一声"喵"。比起说是猫听懂了主人的话在回答，更像是一种条件反射。最初，猫一出声主人就会对着它说话，如此反复，最终形成了这种结果。

在猫年幼时，如果主人每当它叫时就对着它说话，猫很容易形成回复一声的习惯，但如果是成年的猫，就很难再养成这种习惯。根据猫的种类，也有从小"沉默"的类型。

◎ "嘿"

"嘿"用人类的话说，是带有一丝恐吓意味的声音，大概是这样的感觉。

◎ "呀"

"住手"的意思，悲鸣。猫在打架时，发出这种声音的一方处于劣势。

◎ "嗯喵——噢"

从远处听起来像是人类婴儿的哭声。这是猫在发情期为了勾引异性而发出的声音。

◎"喵喵"＋"咕噜咕噜"

这是在向主人报告什么事情呢。

◎反复高声地叫

强烈要求时发出的声音，仿佛在说："要我说几遍你才能听懂呀。"

◎声音从高变低的叫声

表示抗议和不喜欢！猫也有猫的喜恶吧。

给你看肚子的方式不同，
猫想表达的意思也有着
微妙的不同

那谁，
准你摸肚肚。

猫刚来到主人身旁，便一个打滚翻了过来，露出肚子给你看。这证明猫给予了主人完全的信任。

猫的腹部没有骨头，一旦猫的腹部被敌人咬到，便直抵内脏，必死无疑。所以腹部是猫的要害，猫是绝对不会把肚子露给敌人看的。由此可见，猫给主人看这么重要的肚子，正是出于对主人百分之百的信任！

如果猫坦露着肚皮，举起前爪保持着"万岁"的姿势睡觉，证明它十分确信"这里是绝对安全的地方"。

如果刚开始饲养的猫保持着"四肢伸展"的姿势睡觉，证明它认可"这里是我的家"了，主人也可以放心了。

但是，猫暴露腹部的姿势不同，它想传达的情感也不同。让我们一起来学习这些不同，去回应它们的心意吧！

◎在主人眼前打个滚，露出腹部

这是猫在使劲撒娇呢。仔细听，大多时候你还能听到它嗓子发出的"咕噜咕噜"声。这是它在向你倾诉"渴望抚摸"的意思。同时，如果猫还盯着主人的脸，就是想一起玩的意思。用脚轻轻踩或者用手抚摸它的肚皮，应该就能够满足它了吧。

如果你平时很忙，没有时间陪伴它，就无视它打滚的样子吧。被无视几次后，猫就会明白"这是白费力气呢"，也就不会再打滚给你看了。

◎一边露着肚皮，一边左右扭动身体

这是猫在诉苦："从刚才开始你就在玩，还要继续玩吗？快点来抚摸我。"

如果猫一边扭动身体一边大声叫，你可以认为它在下最后通牒："真是的，我不等你了！不让你摸了。"

秀才遇上猫，有理说不清。总之，陪它玩，满足它就对了。

◎不是单纯地扭动身体，而是用背部磨蹭地板

猫的背部紧贴地板，像仰泳一样上下蠕动背部，这是在刺激背部分泌气味的腺体，为了在地板上留下气味。这个姿势是想强势宣告自己在这儿呢。

猫在自己最喜欢的人回家的时候，会用这个姿势告诉对方："喂，我在这儿呢，一直在等你呢。"只要你回复一句："我回来晚了，抱歉呢。"它就会十分满足啦。

◎露着肚子一动不动

这是在等主人主动表示关心呢。"咦，你怎么啦？"听到这句话的瞬间，它的身体就会动起来啦。

猫是非常聪明的动物，无论它摆出了什么姿势，都能挥舞拳头和用脚踢。猫会一动不动地装死，等对方靠近便立刻出拳。这是狩猎技巧中最高级的技巧。在游戏中使用这样高级的技巧，一定乐趣无穷吧。

只要你稍微陪它玩一会儿，它便会骄傲地认为自己完美地发挥了高难度技巧，开心得像走上了猫生巅峰。

噔噔！

这种肢体语言是
"到极限了"的
意思

我在生气呢！

◎咬得嘎崩响

在你给猫抹沐浴露或者梳毛的时候，它可能会突然咬你一口。这相当于在说："适可而止吧！"是非常生气的表现。猫将"我是有底线的，再继续我就不客气了"这种心情转换为了咬这个动作。

但是，猫在咬你之前一定已经发出了"警告信号"，例如耳朵向后倒、颤动嘴角。但是你可能没有注意到。

即便是猫也不会突然咬人，首先它会发出"警告信号"，如果你仍继续做它讨厌的事情，它就会使出杀手锏——咬你。

为了不把猫逼到这般绝境，请注意到它的"警告信号"，中断或者快点结束手中的事情吧。

◎发出"呼"这样叹息般的呼吸声

当猫老老实实地团成团呆在那里，你却伸手准备将它抱起来时，猫偶尔会这样"回复"你。这是在表达"我好不容易休息一会儿，你不要来烦我"的意思。换作是人类遇到这种事情，也会做出同样的反应。

◎发出短促的"喵喵"声

基本上是在心情不怎么样的时候，这种声音经常出现在陌生人伸手准备抱它的时候。

猫比我们想像中的还要认生。无视它的反抗强行抱它，最终只会被它挠伤。就让我们耐心等待，等关系亲密了再抱它吧。

◎用两只前爪推开你

猫要是这么对待你，真是最糟糕的情况。因为喜爱，所以人们抱起猫后会贴近它的脸颊……这时，我们经常能看到猫用前爪推开人类。猫通常是以自我为中心、自尊心很强的动物。猫想要靠近人类的时候自然会主动靠近，但是现在却被主人死皮赖脸地亲吻、蹭脸，它会觉得真是讨厌极了。

就算猫看起来再可爱，也不要把它当成行走的玩具。无论如何，和猫接触时最重要的一点，就是要尊重它的自尊心。

喵喵拳

猫吃草
是有原因的

我舔。

当你看到放在宠物食品专区的猫草时，也许你会疑惑："猫也需要新鲜的维生素吗？"但是猫吃草并不是为了补充维生素。**猫吃草是为了给理毛善后——用草刺激胃，将理毛时吃进胃里堆积的毛吐出来。**

市场上出售的猫草大多是禾本科或者黍亚科植物的幼苗，但并不是说猫非此不可。对于猫来说，它特别喜欢仙客来属植物的叶，也经常咬香草的叶，它能吃的猫草种类还是很丰富的。

我们经常能看到猫在庭院里津津有味地啃食长得细长的叶子，这可能是因为细长的叶子容易随风摆动，其摆动的姿势勾起了猫的兴致。

还有这样一种情况："我家的猫看到猫草根本不感兴趣。"这恐怕是因为你家的猫在幼年时期没有接触猫草的机会而导致的吧。

健康的猫会将吃进肚子里的毛随着粪便排泄出去。就算没有猫草，只要毛在猫的胃里能结块，猫也能自己把毛吐出来。

如果主人经常给猫理毛的话，猫的胃中也不会积攒大量的毛。

我们作为旁观者，看到猫吐毛时的样子都会替它感到难受，但是对于猫来说，这只是一种自然的生理现象。有时，猫会不依靠猫草自己吐毛，这反而说明猫很健康，请放心吧。

以为猫玩得正欢，
它却开始理毛了，
不可思议

哎？什么？

一会儿扑向玩具，一会儿佯装进攻……你以为猫已经玩疯了，眨眼间它又抛弃玩具，开始梳理皮毛、舔手舔脚了。

玩得忘我的时候又突然干起别的事情，这是猫为了防止情绪过于激动而采取的转换行为。

作为野生动物，狩猎是确保食物"供应"不可或缺的行为，但是一步踏错便可能丢掉性命。所以，**猫一旦兴奋起来，便会做些其他事情，平复自己的情绪，保持冷静。**

除此之外，猫还有其他转换行为。例如，主人看到猫的睡姿过于销魂，便伸手去抚摸它的头，随即猫睁开眼，打了一个大大的哈欠。

实际上，这个哈欠就是一种转换行为——睡得正香被吵醒，猫的内心十分恼怒，为了镇压这份恼怒而打了一个哈欠。

猫目不转睛地盯着停在电线杆等高处的鸟——当然，猫够不到这些鸟——于是猫越来越急躁……这时，猫伸出舌头舔舔唇，也是一种转换行为。

无论是打哈欠还是舔嘴唇，都是猫为了保住性命让自己冷静下来而采取的行为。

猫在深夜里
突然开展大运动会，
是因为野性之血在骚动

抓到啦！

有时，猫会突然在家里全速奔跑起来。特别是年纪小的猫，每天都要全速冲刺一回，如果有数只小猫，甚至会互相追逐，像开运动会一样。有时猫兴奋起来，还会爬上窗帘，或者将架子上的东西一个个地推掉。

　　这种情况多发于深夜。这是因为，猫原本就是夜行动物。关灯变暗以后，猫体内原始的夜行之血开始沸腾，促进食欲与增强干劲的外激素、皮质激素开始分泌。

　　有时猫正"唰"地跑来跑去，却突然冲进了厕所。这也是野生时代留下的遗产。

　　对于野生动物来说，上厕所是需要下很大决心的事情——排泄的时候毫无防备不说，还会散发出传达着"我在这儿呢"消息的臭味。所以，在野生时代，猫也会选择离巢穴非常远的地方上厕所。

　　从这些情况来看，猫上厕所必须开启热血模式，打起十二分精神才可以。所以就轮到皮质激素登台亮相了。

　　这种突然冲刺奔跑的现象经常出现在幼猫时期，随着猫的成长，这种现象也会慢慢减少。然而，这并不是因为猫分泌的热血外激素随着年龄的增长而减少了，而是因为猫与人类一同生活的时间久了，便学会了人类的生活方式。

猫"哼哼"地嗅，
是因为什么

嗅嗅。

当你把指尖伸到猫的面前，猫会用鼻尖靠近你的手指，闻闻气味。

你也许会想："猫是不是把手指当成食物啦？"其实，猫并不是想吃你的手指。

猫与猫第一次碰面时，鼻尖与鼻尖会靠近到几乎亲吻上的距离去嗅对方。**猫口部周围也有许多臭腺，散发着属于自己的气味。**初次见面的猫之间，会通过嗅这里的气味来识别对方，取得情报。

嗅嗅。

当猫看见你伸出的手指，一定是当成了初次见面的猫的鼻尖了吧。"总之，先打个招呼吧"，猫这样想着，于是用自己的鼻尖（和嘴）靠近手指，"这就是我的气味，以后大家就是朋友啦。"当然，同时猫也会闻对方（手指）的气味。

顺便提一句，猫和猫的鼻尖靠近时耳朵也会立起来，但这并不意味着紧张。猫对对方抱有警戒心时，耳朵是向后面或者侧面倒下去的。所以，猫立着耳朵鼻贴鼻，可以看作互相没有敌意。

猫闻臀部的气味时
转来转去，
是为什么

这是臀部哦。

猫打招呼是分阶段的。

第一个阶段是鼻贴鼻，闻嘴周围的气味，第二个阶段就是闻臀部的气味了。

但是，闻臀部的气味并不只是为了打招呼。哪一方先去闻对方的臀部呢？在执行这道程序前，序位之争已悄然而激烈展开了。

先被闻气味的一方必须将臀部面向对方，所以不能像嗅嘴周围时那样两者同时嗅对方的气味。

但是，调转臀部，让对方用鼻子靠近自己的臀部，自己便不方便看到对方的表情和动作了——也就是说，先被闻气味的一方处于压倒性的不利处境。反过来说，先闻气味的一方更有地位。

在这个阶段，猫有时会来回转圈圈，这就是在争夺谁可以先闻对方的气味呢。对方的鼻子刚凑到自己的臀部，猫便"嗖"地转身，将臀部远离对方的同时，将自己的鼻子凑向对方的臀部。然而，对方也不会让对方得逞，"嗖"地转身，将臀部远离……

最后，就变成两只猫没完没了地转圈圈了。在这期间总会有一方先妥协，让闻臀部这一阶段和平度过。

猫
舔舐全身的
三个理由

舔来舔去是
我重要的工作。

毫不夸张地说，提起猫的动作，人们首先想到的一定是睡觉或者理毛。有一种说法认为，猫醒着的时候，1/3的时间都花费在地毯式舔舐全身上。这种行为叫作理毛。

　　理毛主要有三种目的。

　　①**清洁污渍**：被猫舔过的人都明白猫的舌头有多粗糙吧。猫的舌头表面有像细刚毛一样的突起，这些突起可以代替刷子清洁污渍、体毛，有时还可以去除身体表面的寄生虫等。

　　②**调节体温**：猫的全身上下只有掌底的肉球部分有汗腺，所以在炎炎夏日猫无法通过汗水调节体温。于是，猫便通过舌头将唾液涂满全身，液体（唾液）汽化吸热，从而达到调节体温的目的。

　　③**释放压力**：猫是神经质般的动物，很容易积攒压力。所以，猫需要通过各种各样的理毛姿势来转换心情，恢复冷静。

　　如果猫理毛的行为过于频繁，也有可能是压力性精神疾病。如果主人发现猫进入这样的状态，不妨尽可能多地陪它玩它最喜欢的游戏。利用玩具让猫运动起来，帮助它释放压力吧。

猫进食后
用舌头舔嘴唇，
是因为没吃饱吗

好吃好吃！

猫进食后，可以说一定会将舌头伸得长长的，去舔嘴的周围。这种行为可不是在表达"啊，真好吃啊"的意思。

请想象一下野生时期猫进食时的情景吧。猎物是"新鲜"一词的代言人——被捕杀的前一瞬间还活蹦乱跳的小动物。猫吃掉小动物后，嘴周围会粘上鲜血或者肉的碎片。如果不立即将这些粘在嘴周围的东西弄掉，猫便无法捕捉其他气味，从而影响下次狩猎。甚至，残留的气味很容易使自己成为其他动物的目标。

如此看来，猫用舌头舔嘴这种行为，是为了去掉嘴周围的污渍，同时也是为了去掉猎物的气味，确保安全。

而同为猫科动物的狮子和豹等，就不会像猫这般神经质，还想着去掉猎物的气味。因为被称作"百兽之王"的它们对自己的绝对力量充满了自信吧。

虽然猫与狮子和豹是同类，但是猫的体形太小，很容易受到敌人攻击，所以对气味很敏感。

猫在大便之后，会像芭蕾舞舞者那样高高抬起并打开后腿来舔舐排泄处，也是同样的道理。将排泄处处理干净，避免留下气味。

和猫在外面相遇，
它却装作不认识，
好过分

在外面的是另一个我。

有些主人选择让猫自由出入家门的散养方式，这些主人偶尔会在家外遇见自家的猫。

　　有时猫是在家附近的小道上散步，有时它是坐在邻居家的墙头上拉屎……

　　主人看到自家的猫后会主动和它打招呼："你怎么在这儿呀！"但是猫却一脸我不认识你的表情。还有很多时候，猫会漠然地将视线从主人身上移开。

　　"明明在家的时候那么黏我……"主人不禁会如此失望地想，但是，事实上，猫的视力并不太好，不好到距离稍微远一点点的东西，在猫的眼里都是模糊的，所以站在面前的人是主人还是陌生人，它根本不清楚……就是这么一回事。

　　所以，走到猫的眼前并呼唤它的名字吧，让它知道你是谁。

　　即便如此，猫也一定只是微微瞟你一眼就恢复漠然，它只是在遵守猫世界里的规则而已。

　　在猫的世界里，有这样一条规则——不去看相遇的对方。盯着对方的眼睛看是挑衅模式。即使在家中会盯着主人的眼睛倾诉心事的猫，一旦踏出家门，它与生俱来的本能便会彻底地释放出来。其结果，就是不去看对方的眼睛。这就是为什么主人会感觉猫无视了他的原因。

猫进食的方式
变来变去

拜托给我
好吃的食物。

猫会捕食小鸟或老鼠等小动物，吃掉的食物比自己的体积还大。野生的猫1天能吃掉12只鼹鼠大小的动物。当然，是一只一只捕食的——吃完一只再捕一只……**这就是为什么猫的肠胃没有变成一次性可以吃很多食物的构造的原因**。

　　只吃一点，过一会儿再吃一点。猫的进食如一时兴起般——所谓"猫食"，就是由此演变而来。虽然听起来有些失礼，但是猫的肠胃就是这样一种构造，没办法。宽宏大量一些吧。

　　猫成年后，大部分主人会1日喂食2次，但是考虑到猫的肠胃，还是1日分为4～5次为好，少量多次地喂食更好。

　　如果主人一次性给予猫大量食物，就会被剩下很多。这些食物放得久了，香味便会消散，无法勾起猫的食欲。最后，即使你打算给猫喂得饱饱的，猫却还是饿着肚子。不仅如此，猫变成"空腹感、欲求不满、性格恶劣的猫"的情况也不少。

突然有一天，
猫不再吃
最喜欢的食物的原因

**每次都是
这位老朋友。**

因为"这是我家猫咪最喜欢的食物"，所以主人囤了许多它最喜欢的猫罐头。但是没过多久，猫就对这些罐头不感兴趣了，撇着嘴将头转开，一点食欲都没有的样子……一定有很多主人有相同的经验吧。

　　猫不吃食，你一定会很担心吧。但是，**你并不需要担心。猫也会有吃腻的东西**，仅此而已。

　　试试先将囤来的猫罐头收好，换上新菜单（另一种罐头之类的）。1～2个月后，再试着换回之前它最喜爱的罐头，猫应该会吃得很开心。

　　另外，据说猫的智力相当于人类2岁左右的儿童，能辨识许多事情。有些主人看到猫稍微厌食，便说着："对不起，不合口味吗？尝尝这个怎么样？"并打开一个又一个猫罐头，我不赞成这种做法。猫会认为主人愿意接受任何任性的要求，下次为了吸引主人的注意，它也可能采取不理睬食物的行动。

　　如果猫只是稍微吃腻了，你只需要装作没看到，过一会儿，它便会因为肚子饿得无法忍受而吃掉刚才嫌弃的食物。

"猫喜欢鱼" 是谎言吗

我开动啦!

日本人认为"猫最喜欢吃鱼"，其实非也。

猫之所以成为了人类的贴身宠物，是因为它是捕鼠高手。因为猫捕食破坏粮仓的老鼠，所以人类曾经非常感激它。

普遍的观点认为，猫在日本成为家猫是从奈良时代开始的。那时日本人用船将贵重的经典从中国运回来，为了防止老鼠破坏经典，便将猫也一道带了去。这就是最初的家猫。

在日本，人们主要靠鱼贝类摄取动物性蛋白质。**主人吃鱼，他养的猫自然也跟着吃鱼**。于是，便有了"猫＝喜欢鱼"的定论。

顺便说一句，被称作猫饭——在米饭上淋上味噌汁，配上晒干的小鱼干调味的这种食物对于猫来说其实是特别难吃的。

猫主要摄取动物性蛋白质，其体内并没有现成的酵素用来消化谷物，所以猫并不能很好地消化猫饭。

在现代，猫粮中包含猫所必需的各种营养素，所以还是喂猫吃营养均衡的猫粮吧。如果非要喂它亲手做的食物，就将鸡肉、牛肉等肉类或者肝等内脏混合在一起，切得碎碎的再喂它吧。猪肉脂肪较多，不建议用来喂猫。

不能给
猫吃乌贼
和章鱼吗

我不是什么都能吃的哟。

俗话说，猫吃乌贼腰发软。虽然没有证据，但是乌贼和章鱼会让猫消化不良却是事实。可是，猫非常喜欢鱿鱼干、鱿鱼片等散发出来的气味，一不留神就会吃多、吃坏肚子，变成跟跟跄跄的样子。不仅如此，这些食物还会在猫的胃里膨胀，猫吃了它们可能会苦不堪言。如果要喂食乌贼或章鱼，一定要控制分量。

　　特别需要提醒的是，鲍鱼、蝾螺等是比乌贼和章鱼还要危险的食物。特别是它们的内脏，其成分会引发叫作光线过敏症的皮肤炎。常言道："猫吃鲍鱼掉耳朵"，严重时猫皮肤较薄的耳朵根部甚至会坏死。

　　对于猫来说，危险的食物还有下面这些。

葱、洋葱类

　　这类食物含有破坏猫体内红血球的成分，会引起猫贫血，还会引发血尿、呕吐、腹泻。也需要注意汉堡包等食物里包含的洋葱。

生鱼、生猪肉、青鱼

　　生鱼和生猪肉里有寄生虫，所以尽量避免给猫喂食此类食物。喂食过多的青鱼会引发黄色脂肪症，偶尔还会导致猫失明。

生鸡蛋

　　蛋白里含有抗生物素蛋白，可能会引发猫B族维生素缺乏症。

巧克力

　　可可豆里含有的可可碱对猫有害，会诱发腹泻、腹痛、血尿、脱水等症状。

🌸 火腿、香肠

盐分过多，伤害肠胃，会引发心脏病等。

🌸 杂鱼干、鲣鱼干

这是猫最喜欢的食物，但是含有大量镁，会引发尿路疾病，所以不要喂食太多。如果是猫专用的少盐分的鱼干则没有问题。

🌸 牛奶

牛奶中含有乳糖，而猫的体内没有可以分解乳糖的酵素，所以猫吃牛奶容易腹泻。如果是专为猫做了调整的牛奶则没有问题。

此外，下列植物含有对猫不利的危险成分：杜鹃花、铃兰、柊树、茉莉、百合、一品红、绣球花、牵牛花、紫藤等，特别是毒性很强的百合科植物，哪怕只是插过百合的花瓶，猫若喝了瓶中水，都会引起痉挛。若是养了猫，就不要用百合来做装饰了吧。

还有常春藤、石柑等藤蔓类赏叶植物也会引发猫呕吐、腹泻，所以也要多加留意。

饭呢?
还没好吗?

猫
明明喜欢干净漂亮，
为什么怕水

洗澡中……

"喜欢干净"的猫却怕水，甚至极端讨厌身体湿漉漉的。这么说起来，的确很少能看到猫在雨中漫步的姿态呢。即使是野猫，下雨天也会躲在荫庇处等雨停。

据说，猫之所以讨厌水，是因为猫的祖先原本是生活在利比亚沙漠的利比亚山猫。它们只有在饮水的时候才会靠近水边。即便如此，猫也不喜欢去池边或者河边饮水，而是选择饮用石洼、树凹处等的积水，这才是它们原本的习性。

给猫洗澡，全是主人一厢情愿。知道这一点还要给猫抹沐浴露的话，至少要从小培养它，让它习惯沐浴露。最好使用刺激性较小、有驱除跳蚤功效的猫专用沐浴露。虽然尽量缩短猫最讨厌的沐浴露使用时间很重要，但如果已使用请充分清洁才好。

洗澡后要用毛巾充分拭干猫身上的水。短毛猫只用毛巾就足够了，但是长毛猫需要用吹风机轻轻地（避免惊吓）给它吹干，避免感冒。

毛干了以后，猫就会立刻开始耐心地理毛了。在猫看来，洗完澡后自己的气味消失了不说，还留下了奇怪的沐浴露味，当然要抓紧时间理毛，恢复自己的气味啦。

养在一起的猫，
它们却装作
互不相识

哥俩好。

在明信片或者日历上，我们经常能看到猫咪们并排紧贴在一起睡觉的照片。

仅是看着这些照片便能够治愈心灵。很多主人猜想：猫，是不是也喜欢和朋友在一起呢？于是又多养了一只猫。但是两只猫在一起却装作互相不认识……这种情况是不是很多呢？

实际上，我们在明信片等处看到猫咪并排挨在一起的照片上大多是猫崽，而且这种情况多见于兄弟姐妹之间。

猫几乎都是单独行动的动物。独自呆着，心情才最好呢。

相对于家畜（宠物）化的家猫，现在仍生活在野外的猫被称作山猫。西表山猫就是其中一种，据说目前世界上还有大约40种山猫在繁衍生息。

野生时期，猫主要生活在森林里。猫在狩猎时，都是采取单独行动——悄悄接近猎物，一击毙命。除了养育幼崽期间，大部分猫都倾向于单独行动。

家里养了数只猫，而它们却互不理睬，这只是猫的本质而已，并不是因为它们之间的关系不融洽。

猫在床上大小便，是在进行抗议

大多时候我还是
喜欢干净的……

猫喜欢干净，就像上厕所，只要教它一次，以后它便会主动在固定的场所排泄。把猫带回新家时，只需取一把它以前一直用的猫砂放在新的厕所里，它马上就可以养成新的排泄习惯。

　　如果这样做仍不能让猫养成习惯，你就等它闻地板、又像要挠地板的时候把它抱到厕所去，看着猫排泄完，再轻声夸夸它"好孩子""做得好"。这样一来应该就没什么问题了。

　　同时养数只猫时，原则上应该准备与猫数相同的猫用厕所。

　　明明已经完成上厕所的教育了，可是猫却又在地板的角落、浴室地垫等处排泄……猫突然改变了上厕所的习惯，可能有两种原因。

　　第一种，**是猫在控诉它不喜欢这个厕所**。多半是猫嫌弃这个厕所脏，忍无可忍。猫排泄后，一定要尽快清理猫砂，保持厕所随时都是干净的状态。

　　第二种，**是猫对主人不满而表现出的抗议**。例如，主人旅游、出差数日，家中无人，猫独自留守寂寞难耐，便会这样全力抗议。特别是在主人的鞋子、衣服上大小便，基本上都是这种原因。这绝对是对你让它独自看家的报复。

因为排泄责备猫，
会有反作用

好好教的话
我会学会的！

请注意，如果你在猫大便结束后训斥它，会起反作用。不只是排便后，如果你训斥猫的时候它不是现行犯，便没有任何意义。如果到了第二天，你才去训斥它前一晚的排便行为，对于猫而言，它无法理解自己为什么被骂。

如果猫在排便时突然被训斥，它可能会误认为排便这种行为是错误的。如此一来，猫以后便不敢再用厕所，而是躲到走廊尽头或者房间角落等人们看不到的地方去排便了。

主人发现猫的粪便后，请默默地打扫，并彻底收拾干净，最重要的事情是不要留下任何气味。近年来，市场上有许多性能高效的除臭剂，可以用这些去除气味。哪怕只是残留了一丁点儿气味，也逃不过猫敏感的嗅觉，最终变成这里是厕所的信号，吸引猫反复来这里排便。而在这里排便又会被主人骂，这会让猫很混乱……如此往复，猫和主人的关系也会继续地恶化下去。

窍门是，主人在彻底清扫后，将打扫时用的一张纸巾放到厕所里去。沾上排泄物气味的纸巾会向猫咪传达"这里是厕所"的讯息。这样做，应当可以纠正猫随地大小便的毛病。

你希望
猫停止在柱子或家具上
磨爪子的行为

嗯，真舒服！

明明给猫准备了磨爪子专用的纸板制品，但是猫还是在柱子或者家具角等地方磨爪子。不管训斥它多少遍都无济于事……有不少主人因为这种事情而头疼。

猫原本是狩猎者，对于猫来说，爪子是捕捉猎物的武器之一。

一方面，就像武士从不怠慢武士刀（有点说过头了？）的维护工作一样，猫也不敢怠慢修理爪子，以防万一。另一方面，磨好爪子，不让爪子过长也是很重要的事情。

那么，该如何是好呢？最好的方法就是让猫牢牢记住"要在这里磨爪子"。

猫磨爪子的同时也会留下气味。也就是说，如果一开始就教会它在哪里磨爪子，它便总会到那个地方去磨爪子了。

市场上售卖的磨爪器中最简便的一款，是放在地上的纸板箱状的物品，但是方便猫磨爪子的姿势却是站立倚靠。所以，我推荐自制磨爪器——从DIY店中购买些麻绳之类的东西，绕在柱子上30厘米左右，或者将旧绒毯裁剪成适当的大小，贴在墙壁上。然后，先由主人示范在那里磨爪子。如此反复几次，1周左右后，猫便会记住这个磨爪子的地方了。

让猫看家后
安慰它的窍门

让我自己在家
会生气的哦!

猫是独自一只也不会感到苦恼的动物，甚至可以说它更高兴自己在家。猫"寂寞"的情感十分淡薄，但是喜怒无常又以自我为中心的它却无法忍受被无视。

所以，猫的内心想法是："希望主人一直在家。这样，我（猫）有需要的时候，主人就能够立即现身解决问题。"

一般来说，只要将水和食物安排好，猫是可以平安看家1～2日的。水要准备充足，但是食物若是一次性准备过多，会导致猫养成暴食的习性。所以最好是根据离家的日数，准备不易腐败的干粮，控制好量再给它。

对于喜爱干净的猫来说，厕所才是最棘手的问题。只外出1～2日的话，还是让猫忍着吧。若为了铲屎而请来朋友或宠物护士，猫反而会因"来了陌生人"而积攒很大压力。

接下来说说主人回家时猫的反应。猫的性格与狗不同，不会像狗那样朝主人飞奔过去，猫一脸无所谓的样子反而更正常一些。

但是，早已习惯被人类圈养的猫中，也会有表现出撇嘴、转身、背面相向的猫。与其说它们在为寂寞生气，不如说它们是在抱怨留下它自己没人照顾这件事。抱起它，与它肌肤接触一会儿，或用它喜欢的玩具陪它玩一会儿，它马上就会多云转晴啦。

猫迷路
之后

到外面啦，
外面！

可以肯定，养在室内的猫离开家后，无法凭一己之力返回家中。一旦猫不知不觉地走出了家门，主人必须马上寻找它，这时，若是知晓猫的生活习性，便会更加容易吧。

猫走丢的当天至第二天，它是绝对不会走远的。虽然它是揣着好奇心走出去的，但是陌生的环境会让它非常害怕，所以，即使它走出去了，也一定是一动不动地躲在附近某个又昏暗、又安静、又能避开人们视线的角落里。就在离家 10 米的半径范围内，找找隐蔽处或草木繁茂之处吧。

如果白天没找到，夜晚反而是好时机。到了夜晚，周遭安静下来，猫也恢复了冷静。听到主人用"猫咪"等称呼呼唤它，提心吊胆的猫咪也会"喵"一声作为回复。这种情况并不少见。

找猫的时候，记得带上它喜欢的东西和移动巢穴。猫很可能被喜欢之物的气味引出来。如果是笼子型的移动巢穴，可以将猫喜欢的东西放进笼子里引诱它。这种方法很奏效。

即使找了半天也没找到，也不要轻易放弃。猫也有返巢性，即使猫迷了路，过了数月，当你要放弃时，它很可能就自己回来了，这种案例时有发生。

如果是遭遇交通事故，受了伤，猫可能会悄悄躲在某处，等待伤势愈合到一定程度再回来。

猫
也有心病

据说猫的智力相当于2岁的儿童，但其理解人语的能力却似乎更高一些。猫会竖起耳朵听主人和家人说话，被表扬时它会高兴，被责备时它会伤心、失落。因此，猫的压力会导致它行为异常，列举如下。

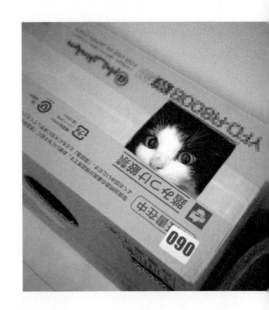

◎深夜里突然跑来跑去

猫是夜行动物，所以在夜间行动是它的本能。原本这是极为自然的行为，但是，如果猫异常兴奋地突发急走，甚至"嗷嗷"嚎叫，则完全是压力大的表现。

◎吮吸自己的乳头

张开双腿，猫便能恰到好处地吮吸到自己的乳头。这是猫束手无策时的常见举动。接连受到委屈时猫也会表现出这样的行为。

◎"喀嚓喀嚓"咬前爪

猫忘我般咬自己的前爪，很可能是因为积攒了相当大的压力。除此之外，猫身上生跳蚤时，也会拼命地咬自己。

◎咬人

平时便喜欢撒娇轻咬主人的猫另当别论。如果猫突然开始咬人则证明它现在非常焦躁。压力的来源基本上是"不照顾我""不遂我心""寂寞"等心理造成的。尽量多营造些与猫共处的时间，并增加肌肤接触吧。多说些表扬它的话，例如"好孩子"等，也能缓解猫的压力。

第 2 章

名猫的种类与它们常见的行为及性格

01　人气第一名的猫

猫的种类之多令人震惊，有继承日本猫体系的各种和猫，有在欧美等地发展起来的各种洋猫，还有它们杂交、突变繁衍出来的其他种类的猫等。

不久之前，狗的品种改良一直都着重于如何迎合工作内容或适合狩猎。相比之下，猫除了捕鼠这一"工作"外，一心一意讨人类喜欢才是其存在的价值。所以猫的品种改良也是以外观与手感等为重心推进的。

不知缘起何处，不管是什么品种的猫，既然成为了我家的猫，那就是世界上最可爱的猫。但是，如果准备养猫，还是先了解下各个品种的猫的性格和特征更好吧。

顺便说一句，根据动物保险股份有限公司的调查，2016年2月发表的猫的人气品种排名如下：

第1名　苏格兰折耳猫

第2名　美国短毛猫

第3名　曼赤肯猫

第4名　混血猫

第5名　挪威森林猫

第6名　英国短毛猫

第7名　俄罗斯蓝猫

第8名　布偶猫

第9名　波斯猫

第10名　孟加拉猫

{ 02　纯血统还是混血儿 }

经常听到传言说纯血统的猫孱弱，混血儿（杂交）的猫健壮，其实用血统判断猫的身体状况是不准确的。

当然，为了保持血统纯正，就需要纯血统的猫与纯血统的猫进行交配。遗传可能会将优秀的基因显现出来从而变得更加优秀，但偶尔也会出现纯血统之间交配后导致病变基因显现出来的情况，也就是畸形。因此便有了"纯血统是孱弱的"这一说法。

纯血统的猫孱弱，混血儿的猫健壮——基本上是没有这么一回事儿的。的确，猫的体质也分健壮与孱弱，但归根结底，可以认为这是个体差异。

但是，据有些主人反映，反复同系交配（近亲交配）后，的确可能诞生孱弱或者情绪不稳定的幼崽。特别是品种珍贵的纯血统，不能断言没有这种可能性，购买前一定要求阅读血统证明书。

苏格兰折耳猫、斯芬克斯猫等品种，原本就是偶然诞生的奇特异形，人们觉得有趣才进一步培养繁殖出的新品种。父母都是冠军猫的纯血统猫，更需要慎重选择。

不管买什么猫，最重要的一点是，买猫时一定要选择值得信赖的宠物店或饲主。单靠比较价格后就通过网络或杂志等方式购买猫会有风险，一定要现场看猫，亲自确认猫的体形、腰部和腿部的力量、眼神、敏捷性等，再决定要不要接它回家。

03　温和悠闲的苏格兰折耳猫

特征

折耳猫的英文名"fold"是"弯曲"的意思。猫如其名，折耳猫的特点就是耳朵向前弯曲倒下。折耳猫与折耳猫交配诞生折耳猫的概率不到一半。而且，折耳猫出生后第3周耳朵才会开始弯曲，所以还是避免出生前便预定购买猫崽吧。

性格

折耳猫的性格温和、悠闲。有时折耳猫也会调皮，并且十分喜欢玩耍。折耳猫能和狗等其他宠物友好相处，所以建议同时饲养数只猫或和狗一起饲养。折耳猫很快就能和人亲近起来，并且擅长撒娇——即使不是自己的主人，折耳猫也会立刻撒起娇来。

饲养小贴士

每日至少1回，用刷子为折耳猫打理皮毛。折耳猫的耳朵容易孳生虱子或患上其他耳病，所以每周1次，请用棉棒沾取橄榄油，温柔地擦拭它的耳朵内部，或者用其他方式来护理它的耳朵。

04 独立性强、讨厌过于亲昵的 美国短毛猫

特征

最初，美国短毛猫是英国的清教徒远渡到美国时，为了捕捉老鼠而带去的。现在多指腰部有生动的大型漩涡条纹图案（称作虎斑）的猫。值得一提的是，这种漩涡条纹图案大多出现在野生的山猫身上。由此可见，美国短毛猫残存了许多山猫的相貌特征。

性格

美国短毛猫的性格稳重，并且善于社交，和其他猫或狗在一起都能友好相处。虽然美国短毛猫独立心强，并且具有坚忍不拔的精神，但是这种猫还是很容易习惯与人亲近的，算是非常好养的猫。

正因为美国短毛猫的独立心强，所以它讨厌任何没有必要的纠缠。猫奴每时每刻都想去逗弄猫，但是对待这种猫，还是距离产生美吧。

饲养小贴士

捕鼠的习性根深蒂固地残留于美国短毛猫的体内，所以一定要给予它足够的运动量。特别是在美国短毛猫的幼年时期，一定要保证它充足的游戏时间。

美国短毛猫很容易发胖，所以一定要多注意它的健康管理，特别是体重管理。

不需要特别频繁地打理美国短毛猫的皮毛。季节交替等换毛时节，每日至少用刷子为它打理1次就足够了，其余的时间里就轻轻地抚摸它吧。

猫咪：毛雪花
（美国短毛猫）

主人：程毛毛

05　可爱的短腿曼赤肯猫

特征

曼赤肯猫最大的特征就是它无可争论的小短腿。它竖起略短的尾巴，迈着小碎步的样子十分惹人怜爱，作为观赏猫拥有很高的人气。

有人担心曼赤肯猫腿太短会导致行动迟缓，其实曼赤肯猫拥有很强的运动能力，不管是爬树还是跳跃，都很灵活。

曼赤肯名字的由来是这样的：1983年，美国的音乐家在爱车的底下发现了短腿的猫，不禁联想到在《奥兹国的魔法师》中登场的Munchkin族（小人族），便为之命名为"曼赤肯猫"。

性格

曼赤肯猫精力非常充沛，而且非常喜欢玩耍。它不仅善于社交，而且好奇心旺盛。

曼赤肯猫特别爱撒娇，会积极主动地找主人抚摸它的身体，还会在主人回家的时候迎接主人。即使是第一次买猫的人，也能养好曼赤肯猫。

饲养小贴士

喂食方法要配合其成长阶段进行调整，这一点很重要。曼赤肯猫小的时候，1日可以喂食7～8回，成年后要固定好进食时间，1日喂食2～3回。食物随意放在那里的话，曼赤肯猫很容易吃多发胖，所以一定要注意。

06 性情宽厚又亲昵的挪威森林猫

特征

乍一看，挪威森林猫属于大型猫种，其实，它只是被浓密蓬松的长毛覆盖了全身而已。传说挪威森林猫是为北欧神话中的女神弗蕾娅牵引马车的猫，但实际上，它只是因为栖息在挪威森林中，自然而然地被北欧人民饲养了。

挪威森林猫普遍又胖又壮实，拥有强健的骨骼与肌肉。它胸膛宽阔，腰部也粗壮有力。顺应北欧的寒冷气候，挪威森林猫的全身都长满了长长的体毛，连指缝间都长满了长毛。

性格

挪威森林猫人气旺不仅是因为它的外表，还因为它性情宽厚成熟，与人亲近又聪明，而且喜欢交流。呼唤它的名字时它大多会有回应，扔瓶子后它会飞奔出去把它叼回来，还可以戴着牵引绳陪主人散步……，这些都彰显着令狗都自愧不如的忠诚心。

不仅如此，挪威森林猫独立心强，平时不会黏着你撒娇，而是沉醉在自己的世界里。挪威森林猫的性格可谓结合了狗与猫的所有优点。

饲养小贴士

挪威森林猫3~4岁成年。在它成年之前，一直给予它足够的高蛋白、高热量的食物是很重要的事情；挪威森林猫原本就是喜欢生活在室外的，所以一旦让它外出它就会爱上外出，如果在室内圈养，请为它准备可以上下运动的生活环境；挪威森林猫是很喜欢爬树的猫，所以即使它爬到高处去，也不要责骂它哦。

07　独立性强又光明磊落的英国短毛猫

特征

英国短毛猫拥有健硕的身体和一颗又大又圆的头，两只小耳朵距离较远，也有人说它是《爱丽丝梦游仙境》中柴郡猫的原型。

原本，英国短毛猫就是靠在农场上抓老鼠生存的猫，所以这种猫非常健壮，也不容易生病。

英国短毛猫的皮毛浓密，手感较硬，能够抵挡任何恶劣气候。英国短毛猫的皮毛有许多种颜色，其中最有人气的是蓝色。

因为英国短毛猫爪子富态又肌肉发达，所以又被称作"用四肢踏平大地站立的猫"。

性格

英国短毛猫独立心强，威风凛凛，镇静自若，不仅对照顾它的主人忠诚，而且对其他家人也很忠诚。英国短毛猫不会胡闹，情感浓烈，但是不喜欢被没完没了地抚摸，也不会和陌生人亲近。

英国短毛猫慵懒又聪明，所以很少给主人添麻烦。

饲养小贴士

日本猫的血型几乎都是 A 型，但是英国短毛猫中有四成猫是少有的 B 型血。因此，在英国短毛猫生病或者受伤等需要输血时，请务必注意这一点。有些主人会在猫健康的时候也为它检查血液。

猫咪：毛丸子
（英国短毛猫加白）

主人：权大宝

猫咪：糖豆
（英国短毛猫蓝猫）

主人：波波

08 像狗一样，对主人忠诚的
俄罗斯蓝猫

特征

俄罗斯蓝猫的原产地为俄罗斯西北部的阿尔汉格尔岛。似乎是为了耐寒，俄罗斯蓝猫拥有"内衣"及"外套"双层大衣——即两层厚厚的皮毛。它的毛色被称为神秘的蓝灰色，而且1根毛上存在多种颜色，像条纹一样。迎光时它的毛发散发出银色光泽，美不胜收。

性格

俄罗斯蓝猫的性格"像狗一样"对主人忠诚，这点对于猫来说是十分罕见而珍贵的。它将全部的爱都奉献给了主人，经常喜欢对主人撒娇，但是却极为认生。除了主人以外，其他人很难亲近它，真是既腼腆又神经质。

俄罗斯蓝猫的另一个特征是很少出声，甚至被称为"不叫的猫"。虽然俄罗斯蓝猫也必须做运动，但是它完全可以自己玩得尽兴，所以不需要伙伴。

可以说，俄罗斯蓝猫是一种非常适合在公寓等城市中的室内饲养的品种。

饲养小贴示

虽然俄罗斯蓝猫看起来很苗条，但是也壮实。苗条是它的身价，所以请注意不要喂食过多，让它变胖了哦。

每日至少1次，用刷子轻轻梳理俄罗斯蓝猫的皮毛，待新生的毛发代替旧毛，整体上完全依旧保持一层亮丽的光泽。

09 最喜欢被抱的大型娃娃布偶猫

特征

布偶猫是目前已知宠物猫品种中最大型的。体重在10千克以上的布偶猫并不罕见。

"布偶"是指毛绒玩具的意思，抱着布偶猫的触感就像抱着毛绒玩具一样，而且布偶猫本身也非常喜欢被紧紧地抱着。

性格

布偶猫的性格极为稳重。布偶猫不但顺从主人，而且总能保持冷静，从不怯懦。

饲养小贴士

布偶猫体形巨大，需要充足的营养与丰盛的食物。虽然也必须给布偶猫打理皮毛，但是因为布偶猫不掉毛，所以虽然是长毛猫，打理却很简单。每日至少1次，用刷子和梳子为它整理皮毛就可以了。

10 享受孤独的贵族波斯猫

特征

波斯猫和金吉拉猫其实是同一个品种。只是为了区别，将波斯猫中有灰色毛尖的白猫称为银色金吉拉，深浅茶色毛尖的猫称作金色金吉拉，听起来像是不同种类而已。有趣的是，金吉拉这个名字来源于一种啮齿动物——灰鼠，因为金吉拉与灰鼠的毛质特别相像，因此得名。

波斯猫身长较短，腿也短。虽然波斯猫肌肉发达、体格壮实，但是好像有许多波斯猫外形纤细，而且是不易发胖的体质。

性格

波斯猫的性格成熟稳重，容易与人亲近。也有许多喜欢孤独的波斯猫，长时间自己待着也没关系。波斯猫对主人顺从也容易被训练，可以说是很容易饲养的品种。

饲养小贴士

虽然波斯猫外形纤细，但是体格还是很健壮的，所以饮食上不需要小心翼翼的。

但是，不管怎么说，波斯猫最大的魅力就是它银丝一般的长毛，所以最重要的事情就是为它打理皮毛。每天都要勤勉地用刷子和梳子给它梳理皮毛，否则转眼间波斯猫的毛就会打结，特别是它腹部与尾巴内侧的毛特别容易缠在一起，必要时需要用剪子剪掉，请务必注意。

虽然波斯猫喜爱孤独，但是它也喜欢和主人玩耍，所以请留出时间陪它玩耍吧。

11 讨厌纠缠却善于社交的
孟加拉猫

特征

提起孟加拉猫，人们倾向于认为那豹纹一样的点状花纹是它的标志性特征。其实，孟加拉猫也有像美国短毛猫一样的漩涡状（被称作标斑）花纹。孟加拉猫属于短毛猫，力气大，肌肉发达，眼睛呈杏仁形，眼梢微微吊起。孟加拉猫的毛像水貂一样既柔韧，又洋溢着高级感。

性格

虽然孟加拉猫的姿容残留着健壮的野性魅力，但是性格却是温和并善于社交的。而且孟加拉猫还会用叫声回应人声等，作出有趣的反应。

只是，毕竟孟加拉猫体内流淌着野性的血液，所以它非常讨厌被人纠缠不休，好像也不喜欢被抱。孟加拉猫并不讨厌被水弄湿，这在猫中还是很罕见的。

饲养小贴士

请为孟加拉猫准备可以充分运动的生活环境。孟加拉猫基本不需要护理皮毛，主人偶尔以手作梳，抚摸抚摸它就可以了。

照片

嘿
二八